AF345787

ISBN 978-3-322-98129-5   ISBN 978-3-322-98792-1 (eBook)
DOI 10.1007/978-3-322-98792-1

Zum 100. Geburtstage
— 23. April 1958 —

MAX PLANCK
Physikalische Abhandlungen und Vorträge

Herausgegeben vom Verband Deutscher Physikalischer
Gesellschaften und der Max-Planck-Gesellschaft
zur Förderung der Wissenschaften, Göttingen

in drei Ganzleinenbänden
Gesamtumfang 1920 Seiten, DM 150,—

Diese wertvolle, repräsentative Buchveröffentlichung enthält
die grundlegenden Aufsätze und Vorträge Plancks,
sein Portrait, ein Faksimile sowie die Ansprachen,
die *Otto Hahn* und *Max von Laue*
anläßlich seines 10. Todestages hielten.
Das Vorwort zu diesem Werk von internationalem Rang
schrieb *Max von Laue*.

FRIEDR. VIEWEG & SOHN · BRAUNSCHWEIG

MAX PLANCK

DIE ENTSTEHUNG UND BISHERIGE ENTWICKLUNG DER QUANTENTHEORIE

Nobel-Vortrag, gehalten vor der Königlich Schwedischen Akademie der Wissenschaften zu Stockholm am 2. Juni 1920.

Entnommen dem soeben erschienenen Werk „Max Planck, Physikalische Abhandlungen und Vorträge". (Vgl. hierzu auch die Anzeige in diesem Heft.)

Wenn ich den Sinn der mir am heutigen Tage obliegenden Verpflichtung, einen auf meine Schriften bezugnehmenden öffentlichen Vortrag zu halten, richtig verstehe, so glaube ich dieser Aufgabe, deren Bedeutung mir durch die Dankesschuld gegen den hochherzigen Gründer unserer Stiftung tief eingeprägt wird, nicht besser entsprechen zu können, als indem ich den Versuch mache, Ihnen die Geschichte der Entstehung der Quantentheorie in großen Zügen zu schildern und daran anknüpfend in knappem Rahmen ein Bild von der bisherigen Entwicklung dieser Theorie und ihrer gegenwärtigen Bedeutung für die Physik zu entwerfen.

Blicke ich zurück auf die nun schon zwanzig Jahre zurückliegende Zeit, da sich der Begriff und die Größe des physikalischen Wirkungsquantums zum erstenmal aus dem Kreise der vorliegenden Erfahrungstatsachen herauszuschälen begann, und auf den langen, vielfach verschlungenen Weg, der schließlich zu seiner Enthüllung führte, so will mir heute diese ganze Entwicklung bisweilen vorkommen als eine neue Illustration zu dem altbewährten G o e t h e schen Wort, daß der Mensch irrt, solange er strebt. Und es möchte die ganze angestrengte Geistesarbeit eines emsig Forschenden im Grunde genommen vergeblich und hoffnungslos erscheinen, wenn er nicht manchmal durch auffallende Tatsachen den unumstößlichen Beweis dafür in die Hand bekäme, daß er am Ende aller seiner Kreuz- und Querfahrten schließlich doch der Wahrheit wenigstens um einen Schritt wirklich endgültig nähergekommen ist. Unumgängliche Voraussetzung, wenn auch noch lange nicht die Gewähr für einen Erfolg ist freilich die Verfolgung eines bestimmten Zieles, dessen Leuchtkraft auch durch anfängliche Mißerfolge nicht getrübt wird.

Für mich war ein solches Ziel seit langem die Lösung der Frage nach der Energieverteilung im Normalspektrum der strahlenden Wärme. Seitdem G u s t a v K i r c h h o f f gezeigt hatte, daß die Beschaffenheit der Wärmestrahlung, die sich in einem von beliebigen emittierenden und absorbierenden, gleichmäßig temporierten Körpern begrenzten Hohlraum ausbildet, völlig unabhängig ist von der Natur der Körper (1)[1], war die Existenz einer universellen Funktion er-

---

[1] Die eingeklammerten Zahlen beziehen sich auf die Anmerkungen am Schluß des Aufsatzes.

wiesen, die nur von der Temperatur und der Wellenlänge, aber von keinerlei besonderen Eigenschaften irgendeiner Substanz abhängt, und die Auffindung dieser merkwürdigen Funktion versprach tiefere Einblicke in den Zusammenhang zwischen Energie und Temperatur, welche ja das erste Problem der Thermodynamik und dadurch auch der ganzen Molekularphysik bildet. Um zu ihr zu gelangen, bot sich kein anderer Weg als der, unter allen verschiedenartigen in der Natur vorkommenden Körpern sich irgendeinen von bekanntem Emissions- und Absorptionsvermögen auszusuchen und die Beschaffenheit der mit ihm im stationären Energieaustausch stehenden Wärmestrahlung zu berechnen. Diese mußte sich dann nach dem K i r c h h o f f schen Satz als unabhängig von der Beschaffenheit des Körpers ergeben.

Als ein für diesen Zweck besonders geeigneter Körper erschien mir der geradlinige Oszillator von H e i n r i c h H e r t z, dessen Emissionsgesetze, bei gegebener Schwingungszahl, H e r t z kurz zuvor vollständig entwickelt hatte (2). Wenn in einem rings von spiegelnden Wänden umgebenen Hohlraum sich eine Anzahl solcher H e r t z scher Oszillatoren befindet, so werden sie durch Abgabe und Aufnahme elektromagnetischer Wellen, nach Analogie akustischer Tongeber und Resonatoren, miteinander Energie austauschen, und schließlich müßte sich in dem Hohlraum die stationäre, dem K i r c h - h o f f schen Gesetz entsprechende sogenannte schwarze Strahlung einstellen. Ich gab mich damals der uns allerdings heutzutage etwas naiv anmutenden Erwartung hin, die Gesetze der klassischen Elektrodynamik würden, wenn man nur allgemein genug vorginge und sich von zu speziellen Hypothesen fernhielte, hinreichen, um das Wesentliche des zu erwartenden Vorgangs zu erfassen und dadurch zum angestrebten Ziele zu gelangen. Daher entwickelte ich zunächst die Gesetze der Emission und Absorption eines linearen Resonators auf möglichst allgemeiner Grundlage, tatsächlich auf einem Umwege, den ich mir durch Benutzung der damals im Grunde schon fertig vorliegenden Elektronentheorie von H. A. L o r e n t z hätte ersparen können. Aber da ich der Elektronenhypothese noch nicht ganz traute, so zog ich es vor, die Energie zu betrachten, die durch eine in angemessenem Abstand von dem Resonator um ihn herumgelegte Kugelfläche aus- und einströmt. Dabei kommen nur Vorgänge im reinen Vakuum in Betracht, deren Kenntnis aber genügt, um die nötigen Schlüsse auf die Energieänderungen des Resonators zu ziehen.

Die Frucht dieser längeren Reihe von Untersuchungen, von denen einzelne durch Vergleiche mit vorliegenden Beobachtungen, namentlich den Dämpfungsmessungen von V. B j e r k n e s, geprüft werden konnten und sich dabei bewährten (3), war die Aufstellung der allgemeinen Beziehung zwischen der Energie eines Resonators von bestimmter Eigenperiode und der Energiestrahlung des entsprechenden Spektralgebiets im umgebenden Felde beim stationären Energieaustausch (4). Es ergab sich dabei das bemerkenswerte Resultat, daß diese Beziehung gar nicht abhängt von der Natur des Resonators, insbesondere auch nicht von seiner Dämpfungskonstante — ein Umstand, der mir deshalb sehr erfreulich und willkommen war, weil sich dadurch das ganze Problem insofern vereinfachen ließ, als statt der Energie der Strahlung die Energie des Resonators gesetzt werden konnte, und dadurch an die Stelle eines verwickelten, aus vielen Freiheitsgraden zusammengesetzten Systems ein einfaches System von einem einzigen Freiheitsgrad trat.

Freilich bedeutet dies Ergebnis nicht mehr als einen vorbereitenden Schritt für die Inangriffnahme des eigentlichen Problems, das nun in seiner ganzen unheimlichen Höhe sich desto steiler auftürmte. Der erste Versuch zu einer Bewältigung mißlang; denn meine ursprüngliche stille Hoffnung, die von dem Resonator emittierte Strahlung werde sich in irgendeiner charakteristischen Weise von der absorbierten Strahlung unterscheiden und dadurch zu einer Differentialgleichung Anlaß geben, durch deren Integration man zu einer besonderen Bedingung für die Beschaffenheit der stationären Strahlung gelangen könne, erwies sich als trügerisch. Der Resonator reagierte nur auf diejenigen Strahlen, die er auch emittierte, und zeigte sich nicht im mindesten empfindlich gegen benachbarte Spektralgebiete.

Zudem rief meine Unterstellung, der Resonator vermöge eine einseitige, also irreversible Wirkung auf die Energie des umgebenden Strahlungsfeldes auszuüben, den energischen Widerspruch L u d w i g B o l t z m a n n s hervor (5), der mit seiner reiferen Erfahrung in diesen Fragen den Nachweis führte, daß nach den Gesetzen der klassischen Dynamik jeder der von mir betrachteten Vorgänge auch in genau entgegengesetzter Richtung verlaufen kann, derart, daß eine einmal vom Resonator emittierte Kugelwelle umgekehrt von außen nach innen fortschreitend in stetig sich verkleinernden konzentrischen Kugelflächen bis auf den Resonator zusammenschrumpft, von ihm wieder absorbiert wird und ihn dadurch andererseits veranlaßt, die vormals absorbierte Energie nach derjenigen Richtung, von der sie gekommen, wieder in den Raum hinauszusenden; und wenn ich auch derartige singuläre Vorgänge, wie einwärts gerichtete Kugelwellen, durch die Einführung einer besonderen einschränkenden Festsetzung, der Hypothese der natürlichen Strahlung, ausschließen konnte, so zeigte sich bei allen diesen Analysen doch immer deutlicher, daß zur vollständigen Erfassung des Kernpunkts der ganzen Frage noch ein wesentliches Bindeglied fehlen müsse.

So blieb mir nichts übrig, als das Problem einmal von der entgegengesetzten Seite in Angriff zu nehmen, von der Thermodynamik her, auf deren Boden ich mich ohnehin von Hause aus sicherer fühlte. In der Tat kamen mir hier meine früheren Studien über den zweiten Hauptsatz der Wärmetheorie dadurch zugute, daß ich gleich von vornherein darauf verfiel, nicht die Temperatur, sondern die Entropie des Resonators mit seiner Energie in Beziehung zu bringen, und zwar nicht die Entropie selber, sondern ihren zweiten Differentialkoeffizienten nach der Energie, weil dieser eine direkte physikalische Bedeutung für die Irreversibilität des Energieaustausches zwischen Resonator und Strahlung besitzt. Da ich indessen in jener Zeit noch zu sehr phänomenologisch orientiert war, um näher nach dem Zusammenhang zwischen Entropie und Wahrscheinlichkeit zu fragen, so sah ich mich zunächst allein auf die vorliegenden Ergebnisse der Erfahrung angewiesen. Nun stand damals, im Jahre 1899, im Vordergrund des Interesses das kurz zuvor von W. Wien aufgestellte Energieverteilungsgesetz (6), dessen experimentelle Prüfung einerseits von F. Paschen an der Hochschule in Hannover, andererseits von O. Lummer und E. Pringsheim an der Reichsanstalt in Charlottenburg in Angriff genommen war. Dieses Gesetz stellt die Abhängigkeit der Strahlungsintensität von der Temperatur vermittels einer Exponentialfunktion dar. Berechnet man den dadurch bedingten Zusammenhang zwischen der Entropie und der Energie eines Resonators, so ergibt sich das merkwürdige Resultat, daß der reziproke Wert des obengenannten Differentialkoeffizienten, den ich hier einmal mit R bezeichnen will, proportional ist der Energie (7). Diese überaus einfache Beziehung kann als der vollständig adäquate Ausdruck des Wienschen Energieverteilungsgesetzes gelten; denn mit der Abhängigkeit von der Energie ist auch die von der Wellenlänge stets unmittelbar mitgegeben durch das allgemein sichergestellte Wiensche Verschiebungsgesetz (8).

Da es sich bei dem ganzen Problem um ein universelles Naturgesetz handelt und da ich damals, wie noch heute, von der Ansicht durchdrungen war, daß ein Naturgesetz um so einfacher lautet, je allgemeiner es ist, wobei allerdings die Frage, welche Formulierung als die einfachere zu betrachten ist, nicht immer zweifelsfrei und endgültig entschieden werden kann, so glaubte ich eine Zeitlang in dem Satz, daß die Größe R der Energie proportional ist, das Fundament des ganzen Energieverteilungsgesetzes erblicken zu sollen (9). Diese Auffassung erwies sich aber bald den Ergebnissen neuerer Messungen gegenüber als unhaltbar. Während sich nämlich für kleine Werte der Energie bzw. für kurze Wellen das Wiensche Gesetz auch in der Folge ausgezeichnet bestätigte, stellten für längere Wellen zuerst O. Lummer und E. Pringsheim merkliche Abweichungen fest (10), und vollends die von H. Rubens und F. Kurlbaum mit den ultraroten Reststrahlen von Flußspat und Steinsalz ausgeführten Messungen (11) offenbarten ein total verschiedenartiges, aber ebenfalls unter Umständen wieder höchst einfaches Verhalten, welches sich dahin charakterisieren läßt, daß die Größe R nicht der Energie, sondern dem Quadrat der Energie proportional ist, und zwar mit um so größerer Genauigkeit, zu je größeren Energien und Wellenlängen man übergeht (12).

So waren nun durch direkte Erfahrung für die Funktion R zwei einfache Grenzen festgelegt: für kleinere Energien Proportionalität mit der Energie, für große Energien Proportionalität mit dem Quadrat der Energie. Nichts lag daher näher, als für den allgemeinen

Fall die Größe R gleichzusetzen der Summe eines Gliedes mit der ersten Potenz und eines Gliedes mit der zweiten Potenz der Energie, so daß für kleine Energien das erste, für große Energien das zweite Glied ausschlaggebend wird, und damit war die neue Strahlungsformel gefunden (13), welche bis jetzt ihren experimentellen Prüfungen gegenüber ziemlich befriedigend standgehalten hat. Von einer endgültigen genauen Bestätigung durch die Erfahrung darf freilich auch heute noch nicht gesprochen werden, vielmehr wäre eine erneute Prüfung dringend erwünscht (14).

Aber selbst wenn die Strahlungsformel sich als absolut genau bewähren sollte, so würde sie, lediglich in der Bedeutung einer glücklich erratenen Interpolationsformel, doch nur einen recht beschränkten Wert besitzen. Daher war ich von dem Tage ihrer Aufstellung an mit der Aufgabe beschäftigt, ihr einen wirklichen physikalischen Sinn zu verschaffen, und diese Frage führte mich von selbst zu der Betrachtung des Zusammenhangs zwischen Entropie und Wahrscheinlichkeit, also auf B o l t z m a n n sche Ideengänge; bis sich nach einigen Wochen der angespanntesten Arbeit meines Lebens das Dunkel lichtete und eine neue ungeahnte Fernsicht aufzudämmern begann.

Es sei mir hier eine kleine Einschaltung gestattet. Die Entropie ist nach B o l t z m a n n ein Maß für die physikalische Wahrscheinlichkeit, und das Wesen des zweiten Hauptsatzes der Wärmetheorie besteht darin, daß in der Natur ein Zustand um so häufiger vorkommt, je wahrscheinlicher er ist. Nun mißt man unmittelbar immer nur Differenzen von Entropien, niemals die Entropie selber, und insofern kann man gar nicht ohne eine gewisse Willkür von der absoluten Entropie eines Zustandes reden. Aber dennoch empfiehlt sich die Einführung der passend definierten absoluten Größe der Entropie, und zwar aus dem Grunde, weil mit ihrer Hilfe gewisse allgemeine Sätze sich besonders einfach formulieren lassen. Es geht hier, soviel ich sehe, ganz ebenso wie bei der Energie. Auch die Energie ist nicht selber meßbar, sondern nur ihre Differenzen. Daher rechnete man früher nicht mit der Energie, sondern mit der Arbeit, und noch E r n s t M a c h , der sich vielfach mit dem Satz der Erhaltung der Energie beschäftigt hat, der aber allen über das Gebiet der Beobachtung hinausgehenden Spekulationen grundsätzlich aus dem Wege ging, hat es stets vermieden, von der Energie selber zu sprechen. Ebenso blieb man in der Thermochemie anfänglich immer bei den Wärmetönungen, also bei Energiedifferenzen, stehen, bis namentlich W i l h e l m O s t w a l d mit Nachdruck darauf hinwies, daß manche umständliche Überlegung sich wesentlich abkürzen läßt, wenn man statt mit den kalorimetrischen Zahlen mit den Energien selber rechnet. Die in dem Ausdruck der Energie dann zunächst noch unbestimmt bleibende additive Konstante ist später durch den relativistischen Satz von der Proportionalität zwischen Energie und Trägheit endgültig festgelegt worden (15).

Ähnlich wie für die Energie kann man nun auch für die Entropie

und infolgedessen auch für die physikalische Wahrscheinlichkeit
einen absoluten Wert definieren, indem man die additive Konstante
etwa dadurch festlegt, daß mit der Energie (besser noch mit der
Temperatur) zugleich auch die Entropie verschwindet. Auf Grund
einer derartigen Betrachtungsweise ergab sich für die Berechnung
der physikalischen Wahrscheinlichkeit einer bestimmten Energieverteilung in einem System von Resonatoren ein bestimmtes verhältnismäßig einfaches kombinatorisches Verfahren, welches genau
zu dem durch das Strahlungsgesetz bedingten Entropieausdruck
führt (16), und es gewährte mir eine besonders wertvolle Genug-
tuung für manche durchgemachte Enttäuschung, daß L u d w i g
B o l t z m a n n in dem Briefe, mit dem er die Zusendung meines Aufsatzes beantwortete, sein Interesse und sein grundsätzliches Ein-
verständnis mit dem von mir eingeschlagenen Gedankengang zu erkennen gab.

Zur numerischen Durchführung der angedeuteten Wahrscheinlichkeitsbetrachtung bedarf es der Kenntnis zweier universeller Konstanten, deren jede eine selbständige physikalische Bedeutung besitzt
und deren nachträgliche Berechnung aus dem Strahlungsgesetz daher
eine Prüfung der Frage ermöglicht, ob das ganze Verfahren nur als
ein rechnerischer Kunstgriff zu bewerten ist oder ob ihm ein wirk-
licher physikalischer Sinn innewohnt. Die erste Konstante ist mehr
formaler Natur, sie hängt zusammen mit der Definition der Temperatur. Würde man die Temperatur definieren als die mittlere kinetische Energie eines Moleküls in einem idealen Gase, also eine winzig
kleine Größe, so würde diese Konstante den Wert ⅔ besitzen (17).
Im konventionellen Temperaturmaß dagegen nimmt die Konstante
einen äußerst kleinen Wert an, welcher naturgemäß in engem Zusammenhang steht mit der Energie eines einzigen Moleküls und
dessen genaue Kenntnis daher zu einer Berechnung der Masse eines
Moleküls und der damit zusammenhängenden Größen führt. Häufig
wird diese Konstante auch als B o l t z m a n n sche Konstante bezeichnet, obwohl B o l t z m a n n selber sie meines Wissens niemals
eingeführt hat — ein eigentümlicher Umstand, der wohl dadurch zu
erklären ist, daß B o l t z m a n n , wie aus gelegentlichen Äußerungen
von ihm hervorzugehen scheint (18), gar nicht an die Ausführbarkeit
einer genauen Messung der Konstante dachte. Nichts kann den geradezu stürmischen Fortschritt, den die Kunst des Experimentierens
in den letzten zwanzig Jahren gemacht hat, besser illustrieren als die
Tatsache. daß seitdem nicht nur eine, sondern eine ganze Anzahl
Methoden entdeckt wurde, um die Masse eines einzelnen Moleküls
mit fast derselben Genauigkeit zu messen wie die eines Planeten.

Während zu der Zeit, als ich die entsprechende Berechnung aus
dem Strahlungsgesetz ausführte, eine exakte Prüfung der gewonne-
nen Zahl überhaupt nicht möglich war und nicht viel mehr übrigblieb
als die Feststellung der Zulässigkeit ihrer Größenordnung, gelang es
bald darauf E. R u t h e r f o r d und H. G e i g e r (19), mittels direkter
Zählung der α-Teilchen den Wert der elektrischen Elementarladung

zu $4,65 \cdot 10^{-10}$ elektrostatische Einheiten zu bestimmen, dessen Übereinstimmung mit der von mir berechneten Zahl $4,69 \cdot 10^{-10}$ als eine entscheidende Bestätigung für die Brauchbarkeit meiner Theorie angesehen werden durfte. Seitdem haben weiter ausgebildete Methoden von E. Regener, R. A. Millikan u. a. (20) zu einer kleinen Erhöhung dieses Wertes geführt.

Sehr viel unbequemer als die der ersten war die Deutung der zweiten universellen Konstanten des Strahlungsgesetzes, welche ich, weil sie das Produkt einer Energie und einer Zeit vorstellt, nach der ersten Berechnung $6,55 \cdot 10^{-27}$ erg·sec, als elementares Wirkungsquantum bezeichnete. Während sie für die Gewinnung des richtigen Ausdrucks für die Entropie durchaus unentbehrlich war — denn nur mit ihrer Hilfe ließ sich die Größe der für die angestellte Wahrscheinlichkeitsbetrachtung maßgebenden „Elementargebiete" oder „Spielräume" der Wahrscheinlichkeit festlegen (21) —, erwies sie sich gegenüber allen Versuchen, sie in irgendeiner angemessenen Form dem Rahmen der klassischen Theorie einzupassen, als sperrig und widerspenstig. Solange man sie als unendlich klein betrachten durfte, also bei großen Energien oder langen Zeitperioden, war alles in schönster Ordnung; im allgemeinen Falle jedoch klaffte an irgendeiner Stelle ein Riß, der um so auffallender wurde, zu je schwächeren und schnelleren Schwingungen man überging. Das Scheitern aller Versuche, die entstandene Kluft zu überbrücken, ließ bald keinen Zweifel mehr übrig: entweder war das Wirkungsquantum nur eine fiktive Größe; dann war die ganze Deduktion des Strahlungsgesetzes prinzipiell illusorisch und stellte weiter nichts vor als eine inhaltsleere Formelspielerei, oder aber der Ableitung des Strahlungsgesetzes lag ein wirklich physikalischer Gedanke zugrunde; dann mußte das Wirkungsquantum in der Physik eine fundamentale Rolle spielen, dann kündigte sich mit ihm etwas ganz Neues, bis dahin Unerhörtes an, das berufen schien, unser physikalisches Denken, welches seit der Begründung der Infinitesimalrechnung durch Leibniz und Newton sich auf der Annahme der Stetigkeit aller ursächlichen Zusammenhänge aufbaut, von Grund aus umzugestalten.

Die Erfahrung hat für die zweite Alternative entschieden. Daß aber die Entscheidung so bald und so zweifellos fallen konnte, das verdankt die Wissenschaft nicht der Prüfung des Energieverteilungsgesetzes der Wärmestrahlung, noch weniger der von mir gegebenen speziellen Ableitung dieses Gesetzes, sondern das verdankt sie den rastlos vorwärtsdrängenden Arbeiten derjenigen Forscher, welche das Wirkungsquantum in den Dienst ihrer Untersuchungen gezogen haben.

Den ersten Vorstoß auf diesem Gebiete machte A. Einstein, welcher einerseits darauf hinwies, daß die Einführung der durch das Wirkungsquantum bedingten Energiequanten geeignet erscheint, um für eine Reihe von bemerkenswerten bei Lichtwirkungen gemachten Beobachtungen, wie die Stokessche Regel, die Elektronenemission, die Gasionisierung, eine einfache Erklärung zu gewinnen (22), an-

dererseits durch die Identifizierung des Ausdrucks für die Energie
eines Systems von Resonatoren mit der Energie eines festen Körpers
eine Formel für die spezifische Wärme fester Körper ableitete, die
den Gang der spezifischen Wärme, insbesondere ihre Abnahme bei
sinkender Temperatur, im ganzen richtig wiedergibt (23). Damit war
nach verschiedenen Richtungen hin eine Anzahl von Fragen auf-
geworfen, deren genauere vielseitige Durcharbeitung im Laufe der
Zeit zahlreiches wertvolles Material zutage förderte. Es kann hier
meine Aufgabe nicht sein, einen auch nur annähernd vollständigen
Bericht von der Fülle der hier geschaffenen Leistungen zu erstatten;
lediglich darum kann es sich handeln, die wichtigsten charakteristischen Etappen auf dem Wege der fortschreitenden Erkenntnis her-
vorzuheben.

Zunächst für thermische und chemische Vorgänge. Was die spezifische Wärme fester Körper betrifft, so wurde die Einsteinsche
Betrachtung, die auf der Annahme einer einzigen Eigenschwingung
der Atome beruht. von M. B o r n und T h. v o n K á r m á n erweitert
auf den der Wirklichkeit besser angepaßten Fall verschiedenartiger
Eigenschwingungen (24), und P. D e b y e gelang es durch eine kühne
Vereinfachung der Voraussetzungen über den Charakter der Eigenschwingungen, eine verhältnismäßig einfache Formel für die spezifische Wärme fester Körper aufzustellen (25), welche besonders für
tiefe Temperaturen nicht nur die von W. N e r n s t und seinen Schü-
lern gemessenen Werte ausgezeichnet wiedergibt, sondern auch mit
den elastischen und optischen Eigenschaften der Körper gut verträg-
lich ist. Aber auch bei der spezifischen Wärme von Gasen machen
sich die Wirkungsquanten bemerklich. Schon W. N e r n s t hatte
frühzeitig darauf hingewiesen (26), daß dem Energiequantum einer
Schwingung auch ein Energiequantum einer Rotation entsprechen
muß, und demgemäß war zu erwarten, daß auch die Rotationsenergie
der Gasmoleküle bei sinkender Temperatur verschwindet. Die Messungen von A. E u c k e n über die spezifische Wärme von Wasserstoff ergaben die Bestätigung dieses Schlusses (27), und wenn die
Rechnungen von A. Einstein und O. S t e r n, P. E h r e n f e s t u. a.
bisher keine genau befriedigende Übereinstimmung ergaben, so liegt
das verständlicherweise an unserer noch unvollständigen Kenntnis
von dem Modell eines Wasserstoffmoleküls. Daß die durch die
Quantenbedingung ausgezeichneten Rotationen der Gasmoleküle tatsächlich in der Natur vorhanden sind, kann nach den Arbeiten von
N. B j e r r u m, E. v. B a h r, H. R u b e n s und G. H e t t n e r u. a.
über Absorptionsbanden im Ultraroten nicht mehr bezweifelt werden,
wenn auch eine allseitig erschöpfende Erklärung dieser merkwürdigen Rotationsspektra bisher noch nicht hat gegeben werden können.

Da schließlich alle Affinitätseigenschaften einer Substanz durch
ihre Entropie bedingt sind, so eröffnet die quantentheoretische Berechnung der Entropie auch den Zugang zu allen Problemen der che-
mischen Verwandtschaftslehre. Charakteristisch für den absoluten
Wert der Entropie eines Gases ist die N e r n s t sche chemische Kon-

stante, welche O. S a c k u r direkt durch ein kombinatorisches, dem von mir bei Oszillatoren angewandten nachgebildetes Verfahren berechnete (28), während O. S t e r n und H. T e t r o d e, im engeren Anschluß an die aus Messungen zu gewinnenden Daten, mittels der Betrachtung eines Verdampfungsvorganges die Differenz der Entropien im dampfförmigen und festen Aggregatzustand bestimmten (29).

Handelte es sich in den bisher betrachteten Fällen stets um Zustände thermodynamischen Gleichgewichts, für welche also die Messungen nur statistische, auf viele Partikel und längere Zeiträume bezogene Mittelwerte liefern können, so führt die Beobachtung von Elektronenstößen direkt in die dynamischen Einzelheiten der untersuchten Vorgänge ein, und deshalb liefert die von J. F r a n c k und G. H e r t z ausgeführte Bestimmung des sogenannten Resonanzpotentials oder derjenigen kritischen Geschwindigkeit, welche ein Elektron mindestens besitzen muß, um durch seinen Stoß gegen ein neutrales Atom dieses zur Emission eines Lichtquantums zu veranlassen, eine Methode zur Messung des Wirkungsquantums, wie man sie sich direkter nicht wünschen kann (30). Auch für die Anregung der von C. G. B a r k l a entdeckten charakteristischen Strahlung des Röntgenspektrums lassen sich nach den Versuchen von D. L. W e b s t e r, E. W a g n e r u. a. entsprechende Methoden ausbilden, welche zu ganz übereinstimmenden Resultaten führen.

Der Erzeugung von Lichtquanten durch Elektronenstöße steht als umgekehrter Vorgang gegenüber die Elektronenemission durch Bestrahlung mit Licht-, Röntgen- oder γ-Strahlen, und auch hier wieder spielen die durch das Wirkungsquantum und durch die Schwingungsfrequenz bedingten Energiequanten eine charakteristische Rolle, wie sich schon frühzeitig an der auffallenden Tatsache zu erkennen gab, daß die Geschwindigkeit der emittierten Elektronen nicht etwa von der Intensität der Bestrahlung (31), sondern nur von der Farbe des auffallenden Lichtes abhängt (32). Aber auch in quantitativer Hinsicht haben sich die oben angedeuteten Einsteinschen Beziehungen zum Lichtquantum nach jeder Richtung bewährt, wie besonders R. A. M i l l i k a n durch Messung der Austrittsgeschwindigkeiten emittierter Elektronen festgestellt hat (33), während die Bedeutung des Lichtquantums für die Einleitung photochemischer Reaktionen von E. W a r b u r g aufgedeckt wurde (34).

Wenn schon die bisher von mir angeführten, den verschiedenartigsten Gebieten der Physik entnommenen Erfahrungen zusammengenommen ein erdrückendes Beweismaterial zugunsten der Existenz des Wirkungsquantums darstellen, so erhielt die Quantenhypothese doch ihr allerstärkstes Fundament durch die Begründung und Ausbildung der Atomtheorie von N i e l s B o h r. Denn dieser Theorie war es beschieden, in dem Wirkungsquantum den lange gesuchten Schlüssel zu entdecken zur Eingangspforte in das Wunderland der Spektroskopie, welche seit der Entdeckung der Spektralanalyse allen Öffnungsversuchen hartnäckig getrotzt hatte; und nachdem der Weg einmal freigelegt war, ergoß sich in jähem Schwall ein Strom neugewonnener Erkenntnis über dieses ganze Gebiet nebst den Nachbargebieten der Physik und der Chemie. Die erste glänzende Errungenschaft war die Ableitung der B a l m e r schen Serienformel für Wasserstoff und Helium, einschließlich der Zurückführung der universellen R y d b e r g schen Konstanten auf lauter bekannte Zahlengrößen (35), wobei sogar deren kleine Verschiedenheit bei Wasserstoff und bei Helium als notwendig bedingt durch die schwache Bewegung des schweren Atomkerns erkannt wurde. Daran schloß sich die Erforschung anderer Serien im optischen und im Röntgenspektrum an der Hand des überaus fruchtbaren, erst jetzt in seiner fundamentalen Bedeutung klargestellten R i t z schen Kombinationsprinzips.

Wer aber angesichts dieser zahlenmäßigen Übereinstimmungen, die bei der besonderen Genauigkeit spektroskopischer Messungen auch besonders schlagende Beweiskraft beanspruchen durften, immer noch sich geneigt gefühlt hätte, an ein Spiel des Zufalls zu glauben, der wäre schließlich doch gezwungen gewesen, den letzten Zweifel fallen zu lassen, als A S o m m e r f e l d zeigte, daß aus einer sinngemäßen Erweiterung der Gesetze der Quantenteilung auf Systeme mit mehreren Freiheitsgraden und aus der Berücksichtigung der von der Relativitätstheorie geforderten Veränderlichkeit der trägen Masse jene Zauberformel hervorgeht, vor welcher das Wasserstoff- wie auch das Heliumspektrum die Rätsel ihrer Feinstruktur entschleiern mußten (36), soweit das überhaupt durch die feinsten gegenwärtig möglichen Messungen, diejenigen von F. P a s c h e n, festzustellen war (37) — eine Leistung, vollkommen ebenbürtig der berühmten Entdeckung des Planeten Neptun, dessen Dasein und Bahnelemente von L e v e r r i e r berechnet waren, ehe noch ein menschliches Auge ihn erblickt hatte. Auf demselben Wege weiter fortschreitend, gelangte P. E p s t e i n zur vollständigen Erklärung des S t a r k e f f e k t e s der elektrischen Aufspaltung der Spektrallinien (38), P. D e b y e zu einer einfachen Deutung der von M a n n e S i e g b a h n durchforschten K-Serie des Röntgenspektrums (39), und nun folgte eine große Reihe weiterer Untersuchungen, welche in die dunklen Geheimnisse des Aufbaues der Atome mehr oder minder erfolgreich hineinleuchteten.

Nach allen diesen Resultaten, zu deren vollständiger Darstellung noch mancher klangvolle Name hier notwendig hätte herangezogen werden müssen, bleibt für einen Beurteiler, der nicht geradezu an den Tatsachen vorübergehen will, kein anderer Entschluß übrig als der, dem Wirkungsquantum, welches sich bei jedem einzelnen in der bunten Schar verschiedenartigster Vorgänge immer wieder als die nämliche Größe, nämlich etwa zu $6{,}54 \cdot 10^{-27}$ erg. sec ergeben hat (40), das volle Bürgerrecht in dem System der universellen physikalischen Konstanten zuzuschreiben. Es muß wohl als ein seltsames Zusammentreffen erscheinen, daß gerade in der nämlichen Zeit, da der Gedanke der allgemeinen Relativität sich freie Bahn gebrochen hat und zu unerhörten Erfolgen fortgeschritten ist, die Natur gerade an einer

Stelle, wo man sich dessen am allerwenigsten versehen konnte, ein Absolutes geoffenbart hat, ein tatsächlich unveränderliches Einheitsmaß, mittels dessen sich die in einem Raumzeitelement enthaltene Wirkungsgröße durch eine ganz bestimmte von Willkür freie Zahl darstellen läßt und damit ihres bisherigen Charakters entkleidet wird.

Freilich ist mit der Einführung des Wirkungsquantums noch keine wirkliche Quantentheorie geschaffen. Ja vielleicht ist der Weg, den die Forschung bis dahin noch zurückzulegen hat, nicht weniger weit als der von der Entdeckung der Lichtgeschwindigkeit durch O l a f R ö m e r bis zur Begründung der M a x w e l l schen Lichttheorie. Die Schwierigkeiten, welche sich der Einführung des Wirkungsquantums in die wohlbewährte klassische Theorie gleich von Anfang an entgegengestellt haben, sind schon von mir berührt worden. Sie haben sich im Laufe der Jahre eher gesteigert als verringert, und wenn auch in der Zwischenzeit die ungestüm vorwärtsdrängende Forschung über einige derselben einstweilen zur Tagesordnung übergegangen ist, so berühren die zurückgelassenen, einer nachträglichen Ergänzung harrenden Lücken den gewissenhaften Systematiker um so peinlicher. Was namentlich in der B o h r schen Theorie dem Aufbau der Wirkungsgesetze als Grundlage dient, setzt sich zusammen aus gewissen Hypothesen, die noch vor einem Menschenalter von jedem Physiker ohne Zweifel glatt abgelehnt worden wären. Daß im Atom gewisse ganz bestimmte quantenmäßig ausgezeichnete Bahnen eine besondere Rolle spielen, mochte noch als annehmbar hingenommen werden, weniger leicht schon, daß die in diesen Bahnen mit bestimmter Beschleunigung kreisenden Elektronen gar keine Energie ausstrahlen. Daß aber die ganz scharf ausgeprägte Frequenz eines emittierten Lichtquantums verschieden sein soll von der Frequenz der emittierenden Elektronen, mußte von einem Theoretiker, der in der klassischen Schule aufgewachsen ist, im ersten Augenblick als eine ungeheuerliche und für das Vorstellungsvermögen fast unerträgliche Zumutung empfunden werden.

Aber Zahlen entscheiden, und die Folge davon ist, daß sich jetzt die Rollen gegen früher allmählich vertauscht haben. Während es sich anfangs darum handelte, ein neues fremdartiges Element einem allgemein als fest anerkannten Rahmen mit mehr oder minder gelindem Zwang anzupassen, ist nunmehr der Eindringling, nachdem er sich einen gesicherten Platz erobert hat, seinerseits zur Offensive übergegangen, und es steht heute schon fest, daß er den alten Rahmen in irgendeiner Weise auseinandersprengen wird. Fraglich ist nur noch, an welcher Stelle und bis zu welchem Grade ihm das gelingen wird.

Wenn es gestattet ist, schon heute eine Mutmaßung über den zu erwartenden Ausgang dieses heißen Ringens zu äußern, so scheint alles dafür zu sprechen, daß aus der klassischen Theorie die großen Prinzipien der Thermodynamik auch in der Quantentheorie ihren zentralen Platz nicht nur unangetastet behaupten, sondern sogar entsprechend erweitern werden. Was bei der Begründung der klassischen Thermodynamik die Gedankenexperimente bedeuteten, das bedeutet einstweilen in der Quantentheorie die Adiabatenhypothese von P. E h r e n f e s t (41), und wie R. C l a u s i u s als Ausgangspunkt für die Messung der Entropie den Grundsatz einführte, daß zwei beliebige Zustände eines materiellen Systems bei passender Behandlung durch reversible Prozesse ineinander übergeführt werden können, so eröffnen uns die neuen Ideen von B o h r einen ganz entsprechenden Weg in das Innere des von ihm erschlossenen Wunderlandes.

Im einzelnen ist es besonders eine Frage, von deren erschöpfender Beantwortung wir nach meiner Meinung eine weitgehende Aufklärung erwarten dürfen. Was wird aus der Energie eines Lichtquantums nach vollendeter Emission? Breitet sie sich bei ihrer weiteren Fortpflanzung im Sinne der H u y g e n s schen Wellentheorie nach verschiedenen Richtungen aus, indem sie einen stets größeren Raum einnimmt, in endlos fortschreitender Verdünnung? Oder fliegt sie im Sinne der N e w t o n schen Emanationstheorie wie ein Projektil in einer einzigen Richtung weiter? Im ersteren Falle würde das Quantum niemals mehr imstande sein, seine Energie auf eine einzige Raumstelle so stark zu konzentrieren, daß sie dort ein Elektron aus seinem Atomverband lösen kann, im zweiten Fall würde der Haupttriumph der M a x w e l l schen Theorie: die Kontinuität zwischen dem statischen und dem dynamischen Felde und mit ihr das bisherige volle Verständnis für die bis in die feinsten Einzelheiten durchforschten Interferenzphänomene, geopfert werden müssen — beides für den heutigen Theoretiker sehr unerfreuliche Konsequenzen.

Sei dem aber wie immer: in jedem Falle kann darüber kein Zweifel bestehen, daß die Wissenschaft einmal auch dieses schwere Dilemma bemeistern wird, und daß dasjenige, was uns heute unbefriedigend erscheint, dereinst von einer höheren Warte aus gerade als das durch besondere Harmonie und Einfachheit Ausgezeichnete angesehen werden wird. Bis zur Erreichung dieses Zieles aber wird das Problem des Wirkungsquantums nicht aufhören, die Forschung immer von neuem anzuregen und zu befruchten, und je größere Schwierigkeiten sich seiner Lösung entgegenstellen, um so bedeutsamer wird sie sich schließlich erweisen für die Ausbreitung und Vertiefung unserer gesamten physikalischen Erkenntnis.

Anmerkungen.

Die Literaturangaben machen nach keiner Richtung hin auf Vollständigkeit Anspruch und sollen nur zu einer ersten Orientierung dienen.

1. G. K i r c h h o f f, Über das Verhältnis zwischen dem Emissionsvermögen und dem Absorptionsvermögen der Körper für Wärme und Licht. Gesammelte Abhandlungen, S. 597 (§ 17). Leipzig: J. A. Barth 1882.

2. H. H e r t z, Ann d. Physik Bd. 36, S. 1, 1889.

3. Sitz.-Ber. d. Preuß. Akad. d. Wiss. vom 20. Februar 1896. Ann. d. Physik Bd 60, S. 577, 1897.

4. Sitz.-Ber. d. Preuß. Akad. d. Wiss. vom 18. Mai 1899, S. 455.

5. L. B o l t z m a n n, Sitz.-Ber. d. Preuß. Akad. d. Wiss. vom 3. März 1898, S. 182.

6. W. W i e n, Ann. d. Physik Bd. 58, S. 662, 1896.

7. Nach dem W i e n schen Energieverteilungsgesetz wird die Abhängigkeit der Energie U eines Resonators von der Temperatur dargestellt durch eine Beziehung von der Form:

$$U = a \cdot e^{-\frac{b}{T}}.$$

Bezeichnet also S die Entropie des Resonators, so ergibt sich, da

$$\frac{1}{T} = \frac{dS}{dU},$$

für die Größe R des Textes der Wert:

$$R = 1 : \frac{d^2 S}{dU^2} = - bU.$$

8. Nach dem W i e n schen Verschiebungsgesetz ist die Energie U eines Resonators mit der Eigenschwingungszahl ν:

$$U = \nu \cdot f\left(\frac{T}{\nu}\right).$$

9. Ann. d. Physik Bd. 1, S. 719, 1900.

10. O. L u m m e r und E. P r i n g s h e i m, Verhandl. d. Dtsch. Physik. Ges. Bd. 2, S. 163, 1900.

11. H. R u b e n s und F. K u r l b a u m, Sitz.-Ber. d. Preuß. Akad. d. Wiss. vom 25. Oktober 1900, S. 929.

12. Für große T ist nämlich nach den Versuchen von H. R u b e n s und F. K u r l b a u m $U = cT$, folglich nach dem in (7) geschilderten Rechnungsverfahren:

$$R = 1 : \frac{d^2 S}{dU^2} = - \frac{U^2}{c}.$$

13. Setzt man nämlich:

$$R = 1 : \frac{d^2 S}{dU^2} = - bU - \frac{U^2}{c},$$

so ergibt sich durch Integration:

$$\frac{1}{T} = \frac{dS}{dU} = \frac{1}{b} \log\left(1 + \frac{bc}{U}\right)$$

und daraus die Strahlungsformel:

$$U = \frac{bc}{e^{\frac{b}{T}} - 1}.$$

Vgl. Verhandl. d. Dtsch. Physik. Ges. vom 19. Oktober 1900, S. 202.

14. Vgl. W. N e r n s t und T h. W u l f, Verhandl. d. Dtsch. Physik. Ges. Bd. 21, S. 294, 1919.

15. Der absolute Wert der Energie ist nämlich gleich dem Produkt aus der trägen Masse und dem Quadrat der Lichtgeschwindigkeit.

16. Verhandl. d. Dtsch. Physik. Ges. vom 14. Dezember 1900, S. 237.

17. Allgemein ist, wenn k die erste Strahlungskonstante bezeichnet, die mittlere kinetische Energie eines Gasmoleküls:

$$U = \frac{3}{2} kT.$$

Setzt man also $T = U$, so wird $k = \frac{2}{3}$. Im konventionellen (absoluten K e l v i n - schen) Temperaturmaß dagegen ist T dadurch definiert, daß die Temperaturdifferenz zwischen siedendem und gefrierendem Wasser gleich 100 gesetzt wird.

18. Vgl. z. B. L. B o l t z m a n n, Zur Erinnerung an Josef Loschmidt. Populäre Schriften S. 245, 1905.

19. E. R u t h e r f o r d und H. G e i g e r, Proc. Roy. Soc. A. Vol. 81, S. 162, 1908.

20. Vgl. R. A. M i l l i k a n, Phys. Ztschr. Bd. 14, S. 796, 1913.

21. Die Berechnung der Wahrscheinlichkeit eines physikalischen Zustandes beruht nämlich auf der Abzählung derjenigen endlichen Anzahl von gleichwahrscheinlichen Einzelfällen, durch die der betreffende Zustand verwirklicht wird, und zu einer bestimmten Abgrenzung dieser Einzelfälle voneinander ist eine bestimmte Festsetzung über den Begriff eines jeden Einzelfalles notwendig.

22. A. E i n s t e i n, Ann. d. Physik Bd. 17, S. 132, 1905.

23. A. E i n s t e i n, Ann. d. Physik Bd. 22, S. 180, 1907.

24. M. B o r n und T h. v. K á r m á n, Phys. Ztschr. Bd. 14, S. 15, 1913.

25. P. D e b y e, Ann. d. Physik Bd. 39, S. 789, 1912.

26. W. N e r n s t, Phys. Ztschr. Bd. 13, S. 1064, 1912.

27. A. E u c k e n, Sitz.-Ber. d. Preuß. Akad. d. Wiss. S. 141, 1912.

28. O. S a c k u r, Ann. d. Physik Bd. 36, S. 958, 1911.

29 O. S t e r n, Phys. Ztschr. Bd. 14, S. 629, 1913. H. T e t r o d e, Ber. d. Akad. d. Wiss. v. Amsterdam, 27. Februar und 27. März 1915.

30. J. F r a n c k und G. H e r t z, Verhandl. d. Dtsch. Phys. Ges. Bd. 16, S. 512, 1914.

31. P h. L e n a r d, Ann. d. Physik Bd. 8, S. 149, 1902.

32. E. L a d e n b u r g, Verhandl. d. Dtsch. Phys. Ges. Bd. 9, S. 504, 1907.

33. R. A. M i l l i k a n, Phys. Ztschr. Bd. 17, S. 217, 1916.

34. E. W a r b u r g, Über den Energieumsatz bei photochemischen Vorgängen in Gasen. Sitz.-Ber. d. preuß. Akad. d. Wiss. von 1911 an.

35. N. B o h r, Phil. Mag. Bd. 30, S. 394, 1915.

36. A. S o m m e r f e l d, Ann. d. Physik Bd. 51, S. 1, 125, 1916.

37. F. P a s c h e n, Ann. d. Physik Bd. 50, S. 901, 1916.

38. P. E p s t e i n, Ann. d. Physik Bd. 50, S. 489, 1916.

39. P. D e b y e, Phys. Ztschr. Bd. 18, S. 276, 1917.

40. E. W a g n e r, Ann. d. Physik Bd. 57, S. 467, 1918. R. L a d e n b u r g, Jahrb. d. Radioaktivität u. Elektronik Bd. 17, S. 144, 1920.

41. P. E h r e n f e s t, Ann. d. Physik Bd. 51, S. 327, 1916.

Halbleiter und Phosphore

Referate des internationalen Kolloquiums 1956 in Garmisch-Partenkirchen.
Herausgegeben von Prof. Dr. MICHAEL SCHÖN, München, und Prof. Dr.
Dr. HEINRICH WELKER, Erlangen.
Erscheint im Mai 1958. Etwa 700 Seiten mit 384 Abb. Leinen DM 68,—
Dieser Sammelband vereinigt etwa 100 Vorträge von Fachwissenschaftlern
aus folgenden Ländern: England, UdSSR, Japan, USA, Frankreich, Holland,
Schweiz, Deutsche Demokratische Republik, Tschechoslowakei, Polen und
Bundesrepublik Deutschland.

Halbleiterprobleme

In Referaten des Halbleiterausschusses des Verbandes Deutscher Physika-
lischer Gesellschaften.
Herausgegeben und kommentiert von Prof. Dr., Dr.-Ing. E. h. WALTER
SCHOTTKY, Erlangen

Folgende Bände liegen vor:

Band I: Halbleiterprobleme I
Innsbruck 1953. VIII, 387 S. mit 111 Abb., 1954. Leinen DM 28,80

Band II: Halbleiterprobleme II
Hamburg 1954. VIII, 292 S. mit 62 Abb., 1955. Leinen DM 28,80

Band III: Halbleiterprobleme III
Mainz 1955. VIII, 278 S. mit 75 Abb., 1956. Leinen DM 36,80

Im Sommer 1958 erscheint

Band IV: Halbleiterprobleme IV
Heidelberg 1957

Elektrolumineszenz und Elektrophotolumineszenz

Von Prof. Dr. FRANK MATOSSI, Freiburg/Brsg., früher White Oak (USA)
112 Seiten mit 51 Abbildungen. 1957. Kartoniert mit Leinenfalz DM 15,80
„Sammlung Vieweg", Heft 125

50 Jahre Grenzschichtforschung

Eine Festschrift in Originalbeiträgen
Herausgegeben von Prof. Dr. HENRY GÖRTLER, Freiburg, und Prof. Dr.
WALTER TOLLMIEN, Göttingen
VIII, 499 Seiten mit 236 Abbildungen. 1955. Leinen DM 66,—
In 44 Originalbeiträgen berichten führende Fachwissenschaftler aus aller
Welt, insbesondere aus den USA und England, in englischer, französischer
und deutscher Sprache über ihre Erfahrungen und Forschungsergebnisse.

Wichtige physikalische
Veröffentlichungen

Messen und Rechnen in der Physik

Grundlagen der Größeneinführung und Einheitsfestlegung

Von Prof. Dr. ULRICH STILLE, Braunschweig
VIII, 416 Seiten mit 6 Abbildungen, 35 Tafeln und 54 Tabellen. 1955.
Leinen DM 54,—

Für Forschung und praktische Anwendung in Industrie und Technik werden
die physikalischen Begriffsbestimmungen und die internationalen Fest-
legungen nach dem letzten Stand ordnend und z sammenfassend behan-
delt und die verschiedenen Methoden zur Darstellung der Ergebnisse in
Physik und Technik einander gegenübergestellt.
„Mit diesem Buch wird die physikalische Weltliteratur durch ein Werk
bereichert, zu dem es bisher kein Analogon gab." *Physikalische Blätter*

Technische Kunstgriffe bei physikalischen Untersuchungen

Von ERNST von ANGERER. Mit Beiträgen von 28 Fachwissenschaftlern.
Herausgegeben von Dr. HERMANN EBERT, Braunschweig
11., durchgesehene Auflage. VIII, 369 Seiten mit 134 Abbildungen. 1957.
Dünndruckpapier. Leinen DM 18,80

„Der Herausgeber hat mit seinen Mitarbeitern den alten ‚Angerer' äußerlich und inhaltlich in einer Weise umgestaltet, die ihn mehr denn je zu
einem handlichen Ratgeber macht. Inhaltlich wurden die Ausführungen
der älteren Auflagen modernisiert und durch neue Ergebnisse und Literaturangaben ergänzt. Äußerlich ist das Buch weitgehend dem ‚Physikalischen
Taschenbuch' angeglichen, zu dem es eine gute Ergänzung bildet."
Physikalische Blätter, Mosbach

Physikalisches Taschenbuch

Herausgegeben von Dr. HERMANN EBERT, Braunschweig
2., verbesserte und erweiterte Auflage. VIII, 544 Seiten mit 147 Abbildungen, Dünndruckpapier. 1957. Leinen DM 22,80

Dieses Buch stellt ein kompendiöses Nachschlagewerk dar. Es enthält kurze
und prägnante Begriffsbestimmungen, zahlreiche Tabellen, sowie auch
Hinweise auf Zahlenwerte und Angaben von Meßdaten, die vor allem
größenordnungsmäßig informieren sollen. Ein ausführliches Sachverzeich-
nis verleiht dem Buch lexikographischen Charakter. Auf Grund seines
handlichen Formates und des verwendeten Dünndruckpapiers stellt es
wirklich — wie sein Titel besagt — ein „Taschenbuch" dar.
„In den Händen von Lernenden wie Lehrenden, nicht zuletzt aber in der
Praxis — ob Labor, Versuchsstation, Konstruktionsbureau oder Betrieb —
kommt diesem Taschenbuch die Funktion eines wertvollen Begleiters zu."
Technische Rundschau, Bonn

GPSR Compliance
The European Union's (EU) General Product Safety Regulation (GPSR) is a set
of rules that requires consumer products to be safe and our obligations to
ensure this.

If you have any concerns about our products, you can contact us on

ProductSafety@springernature.com

In case Publisher is established outside the EU, the EU authorized
representative is:

Springer Nature Customer Service Center GmbH
Europaplatz 3
69115 Heidelberg, Germany